わが子からはじまる
クレヨンハウス・ブックレット　007

本音で答える
の疑問」

東京新聞「こちら特報部」デスク
田原 牧

本書は、２０１１年7月30日にクレヨンハウスで行われた講演をもとに、２０１１年12月末日現在の状況やデータに基づき加筆、修正のうえ再構成したものです。

クレヨンハウス

はじめに
原発のシステムは現代社会の歪みを集約している

●「長いもの」に巻かれた結果……

２０１１年3月11日は世界史に刻まれる日になりました。この日発生した東日本大震災によって東京電力福島第一原子力発電所の４基の原子炉が、ほぼ同時に暴走をはじめたのです。わたしたちはそれ以来、人類にとって未曽有ともいえる原子力災害に直面しています。

わたしは関東の日刊紙、東京新聞（中日新聞東京本社発行）の特別報道（特報）部という部署で働いています。特報部ではこの日を境にほとんど連日、この原稿を書いている師走に至ってもなお、紙面で原発問題を取り上げ続けています。なぜ、そこまで原発にこだわっているのでしょうか。この部に所属する記者それぞれで考えは異なると思うのですが、デスクのひとりであるわたし個人の考えでは、事故が収束していないという状況もさることながら、原発というシステムそのものが現代社会のさまざまな歪みを集約しているからです。言い方を変えれば、原発というプリズムを通すと、日本社会の歪みがはっきりと浮かび上がってくるのです。

浮かび上がった歪みのひとつに、学者やマスメディアの加害性の問題がありました。誰に対して害を与えたかといえば、市井のひとびとに対してです。いわゆる「御用学者」「御用メディア」の問題で、大学やマスメディアが事実から目をそらし、東電や政府の利益擁護に徹してきたという批判でした。その指摘はおおむね正しい、とわたしも考えます。

しかし、大学やマスメディアの仕組みを変えれば、すべからく事態が好転するというほど楽観はしていません。逆に言うと、現在の大学やマスメディアのなかにも決して多くはありませんが、反骨を貫くひとたちがいます。小出裕章《こいでひろあき》さん（＊1）をはじめとする京都大学原子炉実験所に所属する数人の研究者たちはその好例です。つまり、そこで働く一人ひとりのこころ、精神の問題が問われねばなりません。その根っこにあるのは人間観だと思うのです。

未曽有の原発事故が映し出したものは、自分の発言や日常の仕事の尺度を常に「長いものに巻かれる」ことに据え、個人としての社会的責任に背を向けてきた荒んだ精神の結晶です。これは学者や有識者、メディア関係者たちに限りません。いま、福島では子どもたちの集団疎開を訴えるひとたちが「放射能の影響などあまりない」という国や地方行政、「御用学者」の圧力と日々闘っています。彼らにとっての最大の壁は、こうした国などの宣伝を信じたいと感じている多くの住民たちの視線だと聞いています。「長いもの」は身近にあるのです。その精神の荒み、怠惰さは、明治維新以降の日本社会にずっと流れてきている悪弊です。

（＊1）京都大学原子炉実験所助教として、原子炉の安全性や放射能測定を研究。1970年に宮城県の女川原発反対集会に参加した後、原発推進の立場から一転し、原発の危険性を訴え続けている。『原発に反対しながら研究をつづける　小出裕章さんのおはなし』（クレヨンハウス）を2012年4月刊行予定。

●原子力の専門家でない記者の目に見えること

事故から3ヶ月経った頃、クレヨンハウスの落合恵子さんに今回の原発事故をテーマにした講演をお願いされました。たいへん光栄なご依頼ではあったのですが、わたしは原子力の専門記者でもなければ、環境問題に詳しいわけでもないので、当初はお断りしました。

新聞記者という職業に就いて、四半世紀になります。初任地の中日新聞三重県尾鷲支局で当時、まだ攻防があった中部電力芦浜原発建設計画（その後、計画断念）の取材に少し携わった経験こそありましたが、その後の記者生活の大半は社会部での事件取材や、ライフワークである中東問題などについて費やしてきました。政治家のスキャンダルや建設業者の談合、「反社会的勢力」と呼ばれる集団のうごめき、警察や検察の生態、そしてテロや戦争……。もっぱら、そうした平穏とは縁遠いひとたちや地域を舞台に、駆け回ってきました。

そうした現場で感じてきたのは人間の欲や業、一方での美学、そして「長いもの」と市井のひとたちなど、有り体に言えば、世の中の表と裏、そしてひとの栄華盛衰の虚しさです。そうしたことは原発においても、その誕生の経緯から、現在の脱原発か再稼働かといったせめぎ合いに至るまで、やはりどこか共通して垣間見えてくるのです。

その後にお引き受けした講演では、専門家ではない一介の記者の目に原発事故から日本社会のどんな歪みが垣間見えてくるのかという、あたかも望遠レンズでのぞいたような観点からのつたないお話をさせていただきました。7月にお話させていただいたのですが、その後、福島や原発をめぐる情勢は揺れ動いており、今回、ブックレットにまとめるに当たっては、当時の講演内容にいくぶんか加筆しました。

福島原発事故の脱原発運動については、２０１１年９月に東京で６万人規模の大集会が催されました。しかし、その後、時間の経過とともに事故を過去のこととみなす風潮が強まりつつあります。ただ、こうした現象は、スリーマイル島、チェルノブイリなど過去の大事故後の運動の盛り上がりと退潮を振り返れば、さほど驚くことではありません。でも、過去と今回では大きな違いはあります。それは身の回りに加害者と被害者が厳然として存在し、わたしたち全員がこの事故に向き合う責任を抱えていることです。ですから、浮き沈みがあっても今回の脱原発運動はそう容易には収まりません。「ただでは起きない」したたかさがいま、一人ひとりに問われていると考えています。

（２０１１年12月）

第1章 「特報部」とは、どんな職場?

●旬のテーマはなんでも扱う部署

最初に職場の紹介からはじめたいと思います。わたしが働いている特報部というのは東京新聞朝刊で毎日、見開き2面の「こちら特報部」という紙面を担当している部署です。テーマは政治、事件事故、経済、スポーツ、文化、森羅万象なんでもこなします。

記事のトーンは、やや週刊誌に似ているかもしれません。主張も比較的はっきりしています。この面の標語は「ニュースの追跡」「話題の発掘」。旬の話をテーマになんにでも飛びつきます。震災後はほぼ毎日、原発問題というか反原発、脱原発の記事が掲載されています。

事前に「特報部と紙面のつくり方」について話してほしいと要望をいただきました。ごく簡単にお話すると、部員は現在、部長を入れて13人。ローテーションで担当するデスクが4人いて、走り回る取材記者が8人います。ただ、震災後しばらくは取材記者のひとりが応援で社会部へ駆り出されてしまっていたので、実質は7人でした。つまり、実働11人で1週間に14ページをつくっていたことになります。

デスクは通常、1日ふたりがつきます。ひとりは真ん中の大きなメイン記事、もうひとりは端のやや小ぶりな記事や外注コラムを担当します（図1・8、9ページ）。通常はデスクがその日の課題を決めます。ただ、週末などは取材記者が自分でネタを探し出し、取材してきた原稿を使う機会にあてています。真ん中の記事は取材記者がふたり、端はひとりというのが通常の布陣です。

デスクは資料集めや取材の下準備を事前にして、朝、担当記者と話し合いながら「あれやれ、これやれ」と指示します。だいたい午後7時前後までに一応の原稿を出してもらって、デスクがアンカーライターとして補足したり、削ったりして仕上げます。その後、見出しやレイアウトを担当する整理部に渡して、ようやく午後10時半くらいに朝刊の早版ができるという、ほとんど綱渡りというか格闘技みたいなつくり方でやっています。

突発事件があれば、それにすぐ飛びつきます。たとえば、震災当日は都内の震災直後の様子を記録しました。この日は地震発生の午後2時45分までは、後に国会で成立してしまったコンピューター監視法案（＊2）の問題点について取材していましたが、地震発生とともにテーマを急きょ、切り替えました。担当デスクはわたしだったのですが、地震に揺られ、傍らの資料の山が崩れるのをぼんやりながめつつ、頭の中は「こんなに揺れている以上、被害もすごいだろうなあ。それにしても、この時間からネタの変更というのは厳しいなあ。夕方までの短時間で何ができるだろうか」と焦っていました。テレビを見ながら経験則だったのでしょうか、おそらく犠牲者は2万人以上、最大の焦点は映像では当時、不気味に静まりかえっていた福島原

こちら特報部

FAX 03(3595)6911　Eメール tokuho@chunichi.co.jp

下請け労働者守れ

長期化する福島原発事故

収束のめどが依然、立たない東電福島第一原発の事故。1号機の燃料は格納容器から漏れ出ているとみられ、汚染水は増すばかり。4号機の使用済み燃料プールも危うい状態だ。人手不足も予測される。被ばくを強いられる下請け労働者らの安全管理はなおざりにされたままだが、夏場に向け、作業環境は悪化する。人手がなくては何もできない。安全管理の構築は急務だ。（鈴木伸幸、篠ケ瀬祐司、田原牧）

緩和被ばく量　労災認定の数倍

ニュースの追跡

デスクメモ

山本作兵衛

国を"出し抜き"快挙

「世界の人に見てほしい」

メインとは違う、
さまざまな話題についての記事

発になるな、と直感していました。

ともあれ、こうした具合ですから、部員もまるっきりの新人ではなかなか務まりません。基本的に各部から集められたベテラン、中堅記者たちで構成されています。平均年齢は他部と比べて高めです。通常は3年ほどで、部員は異動していきます。わたしのように10年もいるのは例外で、よそからのもらい手がないために放置されているのですが、やりがいのある仕事なので苦にはなりません。

（＊2）　捜査機関が、裁判所の令状なしに、プロバイダーなどに通信履歴を保全することを要請できるというもので、正式には「情報処理の高度化等に対処するための刑法等の一部を改正する法律案」（サイバー刑法）。2011年3月11日に閣議決定し、4月1日に国会に上程。6

図1／こちら特報部の誌面（2011年5月28日）

月17日に可決した。憲法に保障された言論の自由、通信の秘密を脅かす恐れがあり、これまで3回廃案になった共謀罪関連法案の部分的な導入でもある。

●“異端のひと”に光を当てて

講演前に「3月11日以降で肝いりの記事は？」という質問もいただきました。これは4人のデスクそれぞれの趣味というか好みがあるものですから、一概には言えません。わたし個人が担当した分に限っていうと、これまで原発問題では「異端」「少数派」と排除されがちだったひとびとにこだわりました。つまりは反対派の論客たちです。原発をめぐっての圧倒的な主流派は程度の差こそあれ推進派ですから、反対派はそれだけで異端視されてきたわけです。

具体的には、現在はすっかりブレイクして有名人になってしまいましたが、先ほども紹介した小出裕章助教（図2）など大阪の熊取にある京大原子炉実験所のひとたちや、後藤政志さん（＊3）や田中三彦さん（＊4）ら反原発の立場に転じた設計者のひとたち、これまで地域で反対運動を担ってこられたひと、被ばく労働者で労災認定などの裁判を闘ってこられた原告たちなどです。「偏っている」という理屈で、これまで社会的に排除されがちだったこうしたひとびとの声を積極的に紹介していきました。

実はこういうひとたちを事故後、比較的早い段階から次々と紙面に登場させられたことには理由があります。それは特報部が福島原発事故以前にも、原発問題については積極的に取り組んでいたからです。

たとえば、２０１１年1月17日付の紙面では、青森の大間原発の反対運動に携わっている女性の話を紹介しましたし、２０１０年1年を振り返ってみても、高速増殖原型炉「もんじゅ」や六ヶ所、上関など原発関連施設の建設計画地を舞台にしたルポなどを合わせて6回ほど大きく扱いました。その前にも、被ばく労働者の裁判の話を数回、取り上げています。

わが身を振り返ってみても、デスクをやる前の２００７年4月、原子力安全・保安院の要請で東電が3原発で20のデータ改ざんをしていたと発表した、いわゆる「東電データ改ざん事件」（＊5）の際、だいたい現在論議されている保安院の中立性の問題、つまり、推進官庁の内部

図2／こちら特報部の記事（2011年4月9日）

福島原発事故

水蒸気爆発が一番怖い

小出裕章・京大助教に聞く

依然、綱渡りの状況が続く東京電力福島第一原子力発電所の事故。その状況を悔しさや怒り、おそらくは敗北感も抱えつつ、注視している人がいる。京都大原子炉実験所の小出裕章助教（六二）だ。原子炉の安全や放射能測定を研究してきた。学生時代に原発推進派から反原発派に立場を変え、その後、四十年間、原発の危険性を訴えてきた。小出助教に事故の現状や原発が推進された背景を聞いた。

（京都支局・芦原千晶）

依然、深刻な状況が続いている東京電力福島第一原発＝7日

「（東北大学で）学生時代を過ごした仙台、反原発運動をともに闘った女川、三陸には友人や知人がたくさんいるが、震災後、今も連絡が取れない人もいる」

大阪府南部の熊取町にある京大の原子炉実験所。百本もの桜は満開になると見事だが、今年は一般公開を中止した。研究棟の部屋も薄暗い。小出助教（旧・助手）は「電気を無駄にしたくない」と断り、話し始めた。

「（福島第一原発の事故で）予測される最悪の状態は、炉心全体や大半が溶け落ちるメルトダウンだ。今も溶融しているのは確実だが、一部にとどまってくれている」

炉心とは燃料棒のウランが核分裂して燃える場所だ。原発の総発熱量の93％が核分裂によるが、地震発生直後、制御棒が入り、この反応は止まった。しかし、燃料棒の中にたまっていく核分裂生成物は、巨大な発熱体として残ったままだ。

核分裂生成物は崩壊熱を発するため、この熱でも炉心溶融は起こる。事故後の三週間で崩壊熱は三十分の一程度には減ったが、その後は大きく減らないのだという。

メルトダウンを防ぐには、発熱している炉心の冷却が何より大切だ。東京電力や国は大量の水を投入し続けてきた。

こいで・ひろあき　1949年東京生まれ。東北大工学部原子核工学科卒、同大学院修了。74年から京都大原子炉実験所助手（現在は助教）。愛媛県の伊方原発訴訟住民側証人。近著に「隠される原子力・核の真実」がある。

メルトダウン可能性　五分五分以下に

炉心冷却　まだ不十分

「綱渡りだが、冷却効果はあり、大規模なメルトダウンの可能性は五分五分よりは低くなった。ただ一〇〇度以下にはなっておらず、冷却は不十分。できなくなれば、炉心溶融は進む」

メルトダウンは旧ソ連・チェルノブイリ原発事故でも起きた。原子炉が爆発した後、残った部分がメルトダウンした。

「福島では原子炉が壊れずに、メルトダウンが進む可能性がある。そうなると、高温の溶融物と下部の水が反応すれば水蒸気爆発が起き、桁違いの放射性物質が飛び出す。これが一番怖い」

水蒸気爆発はこれまでの水素爆発よりはるかに大規模だ。炉心を囲む圧力容器も、その外の「最後のとりで」の格納容器も破壊するという。

「水蒸気爆発が起こって炉心にある放射性物質の大部分が、ガスや微粒子になって空中に飛び散れば、汚染はチェルノブイリと同レベルだ」

チェルノブイリでは三カ月後、二百～三百㌔離れた場所に猛烈な汚染地帯が見つかった。福島から同じ距離を想定すると、東京も入る。「もし、これが起きてしまえば手の打ちようがない」

停止した核分裂反応が再開される「再臨界」の可能性はどうか。再臨界で生まれる放射性物質の有無について、東電は現在も調査中という。

もし、再臨界すれば、さらなる発熱と核分裂生成物が生まれ、事故処理は格段に難しくなる。

デスクメモ

「東電は安全と言っていた」。避難を強いられた町長の憤りだ。その通りだ。だが、以前から危険をとなえる学者もいた。なぜ、東電を選んだのか。たぶん、国も安全と言ったから、多数派が賛成だったからだろう。「復興のため、国民はひとつに」という声が唱和される。「右へ倣え」は変わるのか。（牧）

にある保安院が原発の安全性を監視することはできないはずだといった話を書いていました。

このほかにも、東京の反原発市民団体「たんぽぽ舎」が毎年取り組んでいる「サクラ調査」も1回目の2003年から紹介してきました。これは原発周辺のサクラの花弁にどれだけ異常が見られるのかを調べるお花見も兼ねた市民による調査活動です。

ですから、読者の方から「最近、特報部は原発をよく取り上げているね」と言われがちなのですが、そうすると「いや、これまでもやってきていたんだけど。時代がようやく追いついてきたのでは」とちょっとすねてみたくなってしまうのです。

ただ、原発の話というのは、福島原発事故以前は比較的地味なネタと受け止められがちでした。電力会社からは「記事は反対派の声が中心で偏っている」というクレームが来たりしましたが、総じて反響は乏しかったように思います。反対運動の当事者のひとたちには一定評価されながらも、都会の一般読者の反応は鈍かったという印象があります。

しかし、それでもこのテーマを扱い続けてきたことが、これだけの大事故に直面した際、スムースに取材を発進させる力になりました。かつて取材したひとたちとの人間関係が、今回の数ヶ月にわたる、そして現在も続いている取材の糧になっていると言ってもよいと思います。

（＊3）　元原子力格納容器の設計技術者。技術者としての義務感から、福島第一原発の事故の真実を伝えようと積極的に発言している。その思いは『「原発をつくった」から言えること』（クレヨンハウス）に詳しい。

（＊4）　かつて福島第一原発4号機の原子炉圧力容器の設計を担当。チェルノブイリ原発事故以後は反原発を訴えてきた。その経緯は『原発はなぜ危険か―元設計技師の証言』（岩波新書）に詳しい。

（＊5）東電が、1980年代後半～1990年代にかけて原発の点検作業でひび割れなどを見つけながら、トラブル記録を意図的に改ざんし、隠ぺいしていた事件。その後、再発防止策がとられたはず、にもかかわらず、東電は2007年4月に、またも原発を含む発電所の点検データについて改ざんがあったと発表し、厳しく指弾された。

●「こちら特報部」の弱みは……

ありがたいことに3月11日以降の「こちら特報部」については、総じて読者の方々から温かい評価をいただいています。とはいえ、個人的にはまだまだ未熟と反省ばかりしています。いろいろな問題点があります。難点のひとつは人手が足りないことです。これは会社の規模に関わることなので、わたしたち一介の記者の力でなんとかできるものではありません。ただ、人手が足りないということで「きっと、こういうことを取材したらよいのになあ、ああいうふうにもしたいなあ」といったアイデアがあれこれあっても、なかなか実現しにくいという状況があります。数日間、紙面を白紙にしたまま、大きなテーマに人手を投入するということは、したくても現実にはできません。

現在の陣容では、空振り覚悟で東京電力や役所の職員たちに夜討ち朝駆けをくり返すというような事件取材の基本動作はとれません。東京新聞でも社会部や経済部などの記者たちは、こうした作業をしていると思います。とはいっても、他の大手紙に比べれば、こうした部でもひとのやりくりはなかなか大変そうです。

結局、わたしたちとしては次善の策として、役所などの発表内容を検証したり、専門家などから情報をかき集めたりすることで対応しています。それが特ダネになるケースもなくはないのですが、やはり事故原因など本筋の情報を直接掘り出すことが、本来ならば取材の基本に据えられるべきでしょう。直球勝負できていない点が個人的には歯がゆくもあります。

もうひとつの弱点は足場の悪さです。具体的には、福島県では東京新聞が発行されていないために、現地に他の大手紙が持っているような取材拠点がないのです。結局、東京から通いながら取材しなくてはなりません。そうなると、その土地の一次情報のみならず、住民たちの生活や気持ちの変化といった定点観測がなかなかやりにくいのです。少しでも克服しようと、地元のひとびとと人間関係を築く努力はしているのですが……。

しかし、現場での取材は欠かせませんから、特報部の記者は頻繁に福島に通っています。宿や交通手段の確保、取材をした直後にすぐ原稿を送る手だてを見つけるなど、いわば兵站《へいたん》面というか取材のロジスティックの部分も記者自らが担いつつ取材するわけですから、実際にはなかなかの重労働です。そうした作業に慣れていることも特報部記者の特徴のひとつかもしれません。

個人的な経験で言えば、カイロ支局に勤務していた時代はカバー範囲が中東全域でした。1990年代で、当時はいまほどインターネットも普及していなくて、へんぴな国に出張した際は原稿を東京へ送れる態勢さえ整えば、それで取材の6割は達成したと感じていました。ペンチやドライバー持参で、よくホテルの電話の配線などを「改造」してはワープロのモデムと接続していました。福島ではそこまではしなくてもよいものの、やはり兵站面でのハンディはできる限り少なくしてあげたいと願ってしまいます。

●危険とニュースのバランスのなかで

事件事故は現場がいのちなのですが、その意味でも今回は当初難しい取材を強いられました。というのも、原発事故発生からしばらくの間は会社から「(記者は)福島に入るな」と厳命されました。記者の被ばくを懸念してのことです。こうした事情は他の組織メディアでも似たり寄ったりだったようです。

こうした組織メディアの自粛を尻目に、フリーランスの記者たちは線量計を手に現地に続々と入り、彼らの記事が週刊誌などの誌面を飾りました。ネット上では「勇気のない」マスコミに対する批判がわき上がりました。こうした現象はイラクなどの戦争取材の際にもみられたことです。

たしかにマスコミの記者のなかには事故後、福島どころか、自主的に東京から自主避難したひともいたようです。ただ、特報部に限って言えば、誰もが被ばくを覚悟で福島へ入りたがっていました。危険とわかっていても、現場に突入したがるのは記者の性《さが》です。

これも昔話ですが、1999年8月のトルコ北西部地震を取材したときのことです。発生した日の夜にコンビナート爆発の危険があって避難命令が出ていた地区に潜入し、転がっている死体を横目に取材したことがあります。町はすっかりひと影が失せていたのですが、そのひとけのなさが特ダネの保証でもあるので、ひたすら走り回りました。良いか悪いかは別として、記者の特ダネ欲はそれくらい強いものなのです。

それはいまも少なからずの若い記者たちに共有されています。しかし、わたしたちは会社員でもあるわけです。今回、たとえ原発周辺地域に潜入して取材しても、ルール違反として新聞に記事は掲載されなかったでしょう。

わたし自身は今回の会社の判断にも、理があったと考えています。事故の行方がまったくわからない時点で、現場に記者を投入して、仮に重度の被ばくを記者が被れば、会社としては雇用者としての責任問題が生じます。それを無視するわけにはいかなかったのでしょう。

ただ、記者である限り、「入るな」と言われれば言われるほど、いちだんと入りたくなるものです。後から聞くと、実はこっそり休日に自費で福島へ入っていた記者もいたようでした。そうした体験は直接には書けなくても、意気に感じたデスクのなかには上手にオブラートにくるんで記事に生かしていたケースもあったようです。その努力には感服しました。

原理原則で言えば、事件事故で現場に入れないという制約はかなり決定的なダメージです。危険とニュースのバランス、会社員としての制約と読者のニーズといったジレンマは、これからも現場を変えながら続くことでしょう。制約に手をこまねいているだけというわけにもいかないので、早い段階で原発の下請け業者のなかなどに内緒の取材協力者をつくりました。もちろん、当人を実名で報じるわけにはいかないのですが、東電の事故収束作業の実状などはそこから得ていました。

いずれにせよ、今回の事故以降、キャンペーン的に日替わりメニューで「反原発」「脱原発」を軸にした報道を続けてきているのですが、正直なところ青息吐息です。ちょっとしたことで機嫌が悪くなる記者が増えてきました。休みもなくて、皆、疲れているのです。読者の反応も鈍くなりました。しかし、他紙の報道が次第に「収束」していくなか、ここからきつくなる上り坂こそが「こちら特報部」の真骨頂であると気合いを入れ直しています。

第2章 原発報道に関しての圧力はないのか!?

●原発よりも逆風の強かった事件記事

教育現場での「日の丸・君が代」の強制といった賛否が割れがちな課題などとは異なり、現在の特報部には原発推進派がひとりもいなかったという偶然もあって、わたしたちは震災直後から反原発、脱原発の姿勢で一致していました。現在は論説室を含め、中日新聞社全体としても部署によって多少の濃淡はあれども、脱原発を基本的な姿勢にしています。

もともと相対的にリベラルな社風も幸いしてか、編集幹部から特報部の論調に圧力がかかったということはありません。仮にあったとしても、わたしたちは編集局のなかではどこか「ならず者」の雰囲気が漂っている部署なので、のらりくらりとかわしながら、反原発の姿勢で記事を書いていったことでしょう。

最近ではしばしば、「東京新聞は経済界や政府の意向に逆らって脱原発方針を貫いているので、圧力がかかっているらしい。そのため、大きな企業からの広告が載っていない」という同情も耳にします。

ありがたいご心配です。ぜひ、かわいそうだと思って、ご購読を広めていただくようお願い申し上げます（笑）。いかんせん、関東での発行部数は朝日や読売に比べれば、何分の一でしかないというのが実状です。今回の原発報道で購読者数が増えているという情報も流れているようですが、実際にはこれまでと同じく微減の状況が続いているようです。

財界などからの圧力が本当にあるのかについては、わたしが聞いている範囲では「都市伝説」のひとつに近い気がします。もとから、うちの新聞はおカネになりそうな広告が限られていました。おそらく、そうした広告が満載されている朝日新聞を購読されていた方が東京新聞に変えられて、そのギャップに驚かれたのだろうと推察しています。

今回の原発報道では、読者からの追い風こそあれ、ほとんど外部からの圧力らしい圧力は感じていません。ただし、推進派が目の敵にしているのは確かで、あれこれ記事の揚げ足取りを狙っています。「東京新聞、とりわけ特報部は過度に危険を煽っている」という批判がネット上では散見されます。

とはいえ、振り返ってみると、圧力については小泉、安倍政権下で吹き荒れたジェンダー（フリー）バッシング（＊6）や保守系歴史教科書の登場（＊7）、教育基本法改定（＊8）などの一連の右旋回、死刑の存廃をめぐる議論、光市母子殺害事件（＊9）を弁護している安田好弘弁護士などをテーマにしていたときのほうが、はるかに叩かれたと個人的には感じています。

とりわけ、安倍晋三さんと彼の周辺勢力の動きに対抗していたころは、あちら陣営の月刊誌にわたし個人も実名で中傷されたりしました。くり返し安田弁護士のインタビューをしていたころも、予想していたとはいえ、反響の9割は「おまえも安田と一緒に死ね！」という内容でした。

在特会（「在日特権」を許さない市民の会）という団体があります。ここではご存じの方は少ないかも知れませんが、「シナ人、朝鮮人は日本から出ていけ！」などと差別意識を丸出しに騒いでいるひとたちです。最近では、「原発の灯を守れ」と唱えて、反原発デモを挑発したりしていますが、以前、彼らが京都の朝鮮初級学校を襲撃した事件を特報部で取り上げたときは、ネットで仲間を募集して、東京新聞へわざわざ集団で押しかけてきたこともありました。

抗議文を手渡してくれたのですが、読むと「こいつを処分しろ」という文脈で出てくる「デスク（つまり、わたしのこと）」がなぜだか「ディスク」と記されていました。突っ込みを入れたくもなったのですが、事が荒立ちそうだったのでやめました。やっかいなのは、そういう騒ぎがあると、会社のなかには黙ってはいても「そういう記事を書くことは自制したらどうだ」と顔に書いてあるひとが出てくることです。わたしとしては若い記者が委縮しないように気配りをしなくてはならず、それが面倒なのですが、いずれにせよ、これまでのあれこれのトラブルに比べれば、原発問題の記事への圧力はないに等しいと言えます。

知人に聞いたところでは、最近では原子力安全委員会（＊10）のメンバーの約6割までもが、本紙を購読なさってくれているそうです。どういう理由で自分たちが世間から批判されているのか、はたして自分らの論法のどこに欠陥があるのか、といったことを知るのにいちばん役立つのだそうです。

（＊6）「ジェンダーフリー」は、社会的に押しつけられた性差「ジェンダー」から自由（フリー）になり、男女が平等に自分らしく行動できることをめざすという意味の和製英語。「男女共同参画」に絡んで使われるようになったが、学校での性教育を「過激」とする批判にはじまり、2005年に自民党は「性教育・ジェンダーフリー教育」撤廃に向けたプロジェクトチームを発足。「保守派」の政治家らが、ジェンダーフリー教育は、男は外、女は家という伝統的な家族形態の解体を目論んでいる、伝統を壊し、愛国心もない、などとして激しく非難（バッシング）した。

（＊7）1996年に発足した「新しい歴史教科書をつくる会」（通称「つくる会」）は、自国中心の歴史観を展開。保守の政治家などから支持され、つくる会は2001年に中学の歴史教科書を作成、扶桑社から出版（現在は自由社から）。その採択をめぐって、各地で論争が起こった。

（＊8）「改定」法では、教育理念に「公共の精神」や「道徳心を培う」こと、「伝統・文化の尊重」が盛り込まれた。愛国心が強制され、戦争をする国を支持する意識を育てようとしている、との批判があったにもかかわらず、2006年12月施行となった。

（＊9）山口県光市で1999年4月、会社員の妻と長女が自宅で殺害され、近くに住む少年が逮捕された事件。遺族がメディアで死刑を訴えたこともあり、大きく報道され、世論の注目が集まった。一審、二審とも無期懲役の判決となるが、2006年に最高裁による差し戻し控訴審となる。このとき新たに結成された弁護団（主任弁護人、安田好弘弁護士）は少年の殺意を否定し、精神的な未成熟さが、少年の行動の背景にあると主張したが、その内容や手法へのバッシングが起こった。2008年に差し戻し控訴審で死刑判決が下された。

（＊10）1956年に原子力基本法に基づき、原子力の研究・開発・利用に関する制作を計画的に行うことを目的に原子力委員会が設置された。その後、1978年の原子力基本法等の一部改正法の施行を契機に、原子力委員会の機能のうち、「安全規制」を独立して担当するために設置。福島原発事故後、班目春樹委員長の発言の数々が、無責任だとして問題視された。

●深刻なのは若い記者の保守化

ここでひとつ読者の方々が抱きがちな誤解を指摘させていただきたいと思います。社外では反原発の記事など政治的にも微妙な問題になると、編集局の幹部が圧力をかけてきて、若い記者が自由にモノを書けなくなるのだろうと考えてらっしゃる方は少なくありません。

そういう会社もあるでしょう。しかし、わたし個人の懸念はそこにはありません。そういうケースならば、むしろ救われる。もっと悩ましいのは若い記者の保守化です。あるとき、こんな経験をしたことがあります。もうかれこれ20年近く前ですが、カンボジアへのPKO派遣（＊11）が政治問題化し、出発拠点だった愛知県小牧市の航空自衛隊基地周辺では反対集会やデモが数多く催されました。その取材を後輩記者たちがやることになりました。わたしも現場へ引率役で行くことになったのですが、ひとりの後輩記者が当時の社会部の先輩デスクに「デモというのは道路を占拠して騒いだりするから違法ですよね」と聞くのです。

どちらかというと、保守的だったそのデスクもさすがに椅子から転げ落ちそうになりつつ、「何言ってんだ、デモは憲法で保障された国民の権利だ」と怒鳴っていました（図3）。

そのころはすでに街頭からデモの光景が失せて久しいころで、後輩記者にしてみれば、わたしと違ってそうしたことに参加した体験もない。その後、２００３年にイラク反戦のデモを渋谷へ取材しに行ったときも、歩道上で見物していた若い女性たちがデモ隊を指さし、「ああいう法律違反はいけないよね」とうなずき合っていて、驚いた記憶があります。もちろん、デモは合法なのですが、いつの間にか違法と刷り込まれている。ですから、学校現場での日の丸・君が代の強制問題（＊12）などでも、若い記者にしてみると、「なぜ、アレが問題になるのか」となりがちです。

もちろん、若い記者の皆がそうだというわけではありません。でも、そういう空気はあるのです。つまり、会社の編集幹部が記事に圧力をかけてくるので、それに抗うなんていう風景は

図3／デモは憲法で保障された国民の権利

日本国憲法第21条（表現の自由）

1　集会、結社及び言論、
出版その他一切の表現の自由は、
これを保障する。

2　検閲は、これをしてはならない。
通信の秘密は、これを侵してはならない。

わたしから見れば、まだまだ健康的なのであって、編集現場ではもっと厳しい現実が進行しているのです。新聞記者になる若者たちは特別な人間ではありません。「普通」の青年たちです。だとすれば、いまの大学のキャンパスの様子などを思い起こせば、この状態は自然といえば自然なのかもしれません。現在の反原発デモも、参加者たちの年齢層をみると、決して若者たち主導とは言えないのが実状でしょう。

マスメディア批判に熱心な団塊の世代のひとが以前、ある集いで「いまの記者は問題意識に乏しい」と発言されたとき、思わず「あなたは市民集会にこうして熱心に来られるけれど、家に帰って、ご自身の子どもさんとこうした問題で話をされますか」と反駁《ばく》したことがありました。その方は困った顔をして黙ってしまいました。実際、団塊ジュニアが記者になっている時代なのです。

（＊11）　1991年に自衛隊が湾岸戦争後のペルシャ湾で掃海作業に携わったのを機に、自衛隊の海外派遣をめぐり、世論が大きく二分した。「海外派兵は平和憲法に反する」とした反対派のデモが全国各地で巻き起こったが、1992年6月に平和維持活動（PKO）等に対する協力に関する法律（国際平和協力法）が制定。同年9月には、はじめてのPKO活動として、陸上・海上・航空自衛隊がカンボジアに派遣された。

（＊12）　東京都教育委員会は2003年10月、「卒業式での国旗掲揚及び国歌斉唱に関する職務命令」を各都立高校へ通達。これに異議を唱える教員たちを多数処分している。こうした行政の動きは全国的に拡がっているが、公立学校で君が代斉唱時に起立しなかった教職員への処分をめぐる最高裁の判決は、2011年5月以降、すべて「思想・良心の自由」を保障した憲法19条に違反しないとしている。

●反原発キャンペーンの行方

それと、わたしたちは反原発のキャンペーン報道を展開しているわけですが、この種の長期の訴えというのはそうそう実を結びません。最近では、特報部で地デジや裁判員制度（＊13）の導入などで反対論を連続して報じていたことがありましたが、結局、政府の政策を止めるには至りませんでした。このふたつの課題は圧倒的多数の国民が反対していたにもかかわらず、国がなりふり構わず強行したという意味で、戦後の画期といってもよい問題だったと捉えています。

ほぼ唯一うまくいった経験として、2004年から06年にかけての共謀罪導入（＊14）の批判キャンペーンがありました。共謀罪法案は2012年には再び政府が国会に提出してきそうなので警戒しているのですが、前回はなんとか止めることができました。当時は毎日、うちの紙面が国会の議場でもコピーされて配られているというような状況で、結局、法務省の導入論を完全に論破し、当時、野党第一党だった民主党をなんとか反対陣営に引き留めたのです。
さて今回の反原発はということになるのですが、共謀罪反対よりもはるかに事が大きいのでそう簡単にはいかないでしょう。時間の経過とともにひとの関心も薄まってくれば、再稼働の強行もありうると考えています。とはいえ、やれることをやるしかありません。メディアの片隅ではあれ、反原発の頑固者として発信し続けるしかありません。

（＊13）「市民の司法参加」をうたい、裁判と司法への信頼向上をめざすとして導入。国民の8割が反対か消極的と言われていたにもかかわらず、2009年5月から実施。抽選で選ばれた裁判員6人が裁判官3人とともに、地方裁判所での刑事裁判にあたる。判決や量刑に民意を反映するとしているが、裁判員選定で警察・検察に批判的なひとは排除されかねない、市民感覚では被害者寄りの判断になりがちなど、多くの問題点が指摘されている。

（＊14）国連の「国際組織犯罪防止条約」批准のためとして、2003年の国会に提出された「共謀罪」は二度廃案となり、2007年に「テロ等謀議罪」とした修正案も、2009年に廃案に。指摘されているおもな問題点は、実際に罪を犯さなくても、話し合い合意しただけで罪となること、重大犯罪のみでなく、市民生活に関わる広範囲の法律違反を対象としていること、取り締まりとして市民の日常的な会話やメール内容の監視を可能にすること、など。憲法が保障する自由と民主主義を脅かすとして、反対運動が続いている。

第3章 萎縮している世の中を反映するメディア

●各メディアの原発報道

メディア界全体の原発事故報道、つまりメディアが原発（事故）をどう報じてきたのかというテーマにうつりたいと思います。この課題については、本屋さんに行くと、もう何冊も本が出ていますね。そちらを読んでいただいたほうがよいかもしれません。

総じて、現在の大手メディアの報道は政府や東電に与《くみ》していて、ろくなもんじゃないというご批判が強いのだろうとは思うのですが、そうはいってもその一方で舌を巻くようなすばらしい特ダネがあったことも事実です。

たとえば、ＮＨＫの教育テレビ（Ｅテレ）で放映されたＥＴＶ特集「ネットワークで作る放射能汚染地図」（２０１１年5月15日放送）という番組にはひれ伏しました。秀逸でたいへんな力作です。とにかく速やかに現場に足を踏み入れたこと、取材日数も、投入されたマンパワーも贅沢で圧倒されました。わたしたちには真似できません。政府がひた隠していた放射能汚染の実態を実際の計測で暴いたスクープは、どれだけ称賛してもしすぎることはないと思います。さらに取材の精緻さと同時に、実際にＮＨＫでオンエアーするまでにあったであろうスタッフのご苦労に敬服しました。

当事者企業は否定していましたが、日米両国がモンゴルに原発の使用済み核燃料の捨て場をつくろうと水面下で交渉している、という毎日新聞のスクープ（２０１１年7月31日）も見事でした。毎日新聞の場合、取材班が総じて事故の経緯を丹念に追跡しているという印象があります。事実は新聞のいのちです。その愚直な取材姿勢は評価されてしかるべきだと思います。

一方、うちとは対照的なトーンでやっている読売新聞ですが、会社のＤＮＡに原発推進が刷り込まれている以上、これはもう仕方ないだろうなと思っています。皆さんもご存じだと思いますが、社主だった故正力松太郎さんは日本における「原発の父」といってもよい人物でした。彼は米国と結託して１９５０年代に日本に原発を導入しようと、社を挙げてキャンペーンに奔走しました。そこには総理を夢見た彼自身の野望も絡むのですが、それが現在の「原発天国」の基礎になりました。言ってみれば、新聞自体が「原子力ムラ」の機関紙と言えるのかもしれません。

読売新聞は２０１１年9月7日付朝刊で「展望なき『脱原発』と決別を」という社説を掲載しました。電力不足がどうのとか、原子力技術の蓄積が不可欠なのだなどと説いていますが、これらはすべて反論が可能です。しかし、一点だけ反論というレベルではなく、これは世界観の相違だなということが、最後の最後に出てきます。それが彼らにとって原発を維持、推進したい最大の動機だとも思うのですが、原発を「潜在的な核抑止力」と位置づけている点です。

最終的には憲法を改定して核武装をしたいというのが本音なのでしょうが、百歩譲ってそうするにしても、日本にはもうすでに充分なプルトニウム（＊15）があるわけですから、この指摘も再稼働の理由にはなりません。この点については、後ほど触れたいと思います。

朝日新聞はよくわかりません。脱原発を唱えているようにも見えるのですが、どの程度本気なのかという点ではあまり信用していません。原発推進に向けて、ある時期から読売以上に熱心だったのは朝日だったと記憶しています。かつての大熊由紀子記者の一連の連載などはその最右翼でした。反面教師として、もう一度読み直してみたいと思っています。

（＊15）　日本が保有するプルトニウムの総量は約45トン（国内保管分約10トン＋英仏保管分約35トン）で、「国際原子力機関（ＩＡＥＡ）」の基準によれば、核爆弾５６００発以上。２０１１年９月20日、内閣府が原子力委員会定例会議で発表。

●「パニックを恐れて」論は的外れ

「ただちに健康には影響がない」という事故直後の枝野幸男官房長官（当時）の台詞はごまかしの最たるものでしたが、総じてマスメディアもそうした政府の発表に引きずられ、国民に実際の危険を伝えなかったという批判があります。

概して、その通りだと思います。そうした批判について、朝日新聞を最近おやめになられ、大学の先生になった元記者が「パニックを恐れての苦渋の選択」というような趣旨で、どこかの季刊誌でお書きになられていた記事を読んだことがありました。しかし、結論から言えば、それは間違いでしょう。

広瀬忠弘さんという災害心理学の先生が書かれた『人はなぜ逃げおくれるのか――災害の心理学』（集英社新書）という本に詳しいのですが、深刻な内容の情報がパニックの原因になることはまずないというのが災害の専門家の間ではすでに常識になっています。むしろ、情報が与えられないことで疑心暗鬼になったり、自己決定権が奪われたりすることのほうがよほど騒ぎを招きやすいのだそうです。

パニック回避は民主党政権も言い訳に使っていましたが、これは言い換えれば、情報操作です。そうしたウソはいつかバレます。その副作用のほうがよほど激烈だということがわかっていなかったとしたら、そうした政治家たちは無能極まりない。つまり、この政党あるいは政権は平気でウソをつくと国民がいったん認識してしまうと、それ以降も政府の言い分を信用しなくなるからです。実際、菅政権後の政局に国民がかつてなく冷めていた背景には、「情報公開」とか「国民の生活が第一」とかを曲がりなりにも唱えていた政権与党が、肝心要のこの原発事故で情報隠しをしていたということが影を落としていたと思います。

もうひとつ、これは取材する側の問題ですが、意図して当局情報を強調していたのではなく、単に取材力不足が政府の発表に追随するような論調を招いたのだと思います。たとえ、パニック回避という大義名分があったにせよ、現場の記者たちは事実さえつかめていれば、必ず書いていただろうとわたしは確信しています。言い換えれば、報道側の取材が政府の情報隠しに風穴を開けられなかったということです。これは自らの反省でもあります。

乱暴に言えば、取材記者にとっては事実というか特ダネを報道できるのなら、パニックの問題は二の次なのです。わたしたちは「腹に落ちる」ということばをよく使うのですが、しっかり取材して間違いのない事実をつかんでいれば、記者は書かずにはいられないものです。今回、報道が東電や政府の発表に偏ったのは、単にそれを覆すだけの自前のネタがなかったということに尽きると思います。

独自の情報がとれていない。それでも、こうした大事故の後は朝夕刊で連続して記事を書かねばならない。そうなると、担当記者はいままでの惰性で、保安院でも経産省でも東電でもなんでもよいのですが、その辺が出してきた情報を「～によると」と書いてしまえば、とりあえず、担当記者としての一次的な責任は果たせると思ってしまう。とはいえ、発表内容が真実かどうかは記者もわからない。これが実態だったのだろうと思います。

加えて、事故発生当初は役所で発表しているひとたちのほうがはるかに知識もあり、プロであるという意識があったとも思うのです。原発の専門記者はそうはいません。それにデータ自体を独自に入手するルートもない。記者もそのうち勉強しますし、ネタ元もできてきますから、やがて発表する側のレベルにも追いついていくのですが、それまでにはタイムラグがあります。その間は官製情報をそのまま出してしまう。それが「メディアも共犯」と呼ばれるような状況をつくり出してしまったのだと思います。

●記者も偏差値主義の影響

東電にとって不利な記事を出すと、広告の大スポンサーゆえにまずいことになるので、住民にとって危険な情報をあえて新聞は書かなかったのだと、まことしやかに説くひとがいるのですが、そうした見方はちょっと単純すぎると思います。

東京新聞も含めた商業新聞と広告スポンサーの間での利害関係はないとか、編集と広告がまったく切り離されているという建前はここでは言いません。しかし、だからといってこれだけの事故で、事実があるのに企業におもねってそれを書かないなどということは、およそ現実にはありません。まして企業倫理、これも建前だという批判はありますが、これがうるさい時代ならなおさらのことです。むしろ、新聞にとっての致命傷は読者から突きつけられる不信です。

商業新聞は突き詰めれば、売れないと成り立たないのです。だから、新聞は読者の信頼を大切にせざるを得ません。信頼を失った新聞は売れません。真相をすっぱ抜く新聞は信頼を勝ち得ます。だから、事実を取ることが何より新聞のいのちなのです。

先ほどの「編集幹部の圧力」なるものと同様、「企業の圧力」の現実もそんなに牧歌的な話ではありません。むしろ、取材現場でもっと深刻なのは、企業も役所も昔と比べて格段に広報技術を進化させている点です。つまり、記者に自分たちに不利となるネタを取らせないようにあれこれ工夫しているのです。「冷温停止」と「冷温停止状態」が似て非なるものであるのが、その代表例ですが、そうした壁をどれだけ打ち破れるのか、あるいはどれだけ封じ込められてしまっているのか。わたしたちの危機と攻防はその一点にあります。

それに絡んで頭が痛い問題があります。世間では昨今、「マスメディアの記者は特権を持っていて、政府や企業と一蓮托生に違いない。あいつらも叩いてやろう」という雰囲気が増しています。そうした空気を察知してか、記者たちが妙に萎縮しているようにも見えるのです。

たしかに昔から、自分が特権を持っていると勘違いしている記者はいました。それは否定しません。しかし、いまのような揚げ足取りの空気は結局、記者を無難な方向へと押し流します。記者の行儀が良くなればなるほど、行政や企業の事件ネタは取りにくくなりがちです。

何も乱暴な口をきけというのではありません。ただ、最近の記者は総じて獰猛《どうもう》ではない。これはまずいと感じているのです。時の権力や企業を相手にする際、記者は野蛮で獰猛でなくてはなりません。これを痛感したのはJR福知山線事故（＊16）の記者会見の際、ある新聞記者がJRの説明係に対して「あんたらもうええわ、社長呼んで」と発言して問題となり、最終的に社内で処分された一件です。わたしは「たしかに柄が悪いのはわかるけど、経験的に関西のブンヤさんのノリはあんなもんだろ」とバッシングに強い違和感を抱きました。こうしたことの積み重ねの結果、マナーなるものを重んじるあまり、より大切な記者としての職業倫理が欠如してきているように思えてなりません。

わたしの考えは、おそらく世間の言うところの良識に反するのかもしれません。かつて談合事件を取材していた朝日新聞の記者が談合の現場に盗聴器を仕掛けたのですが、ばれてしまい、クビになったことがありました。これは違法行為ですから、申し開きが立たない。しかし、わたしの本音を言えば、この記者にとても同情的です。談合という密室の犯罪を進んでばらす当事者はいません。自分で自分の首を絞めるようなものだからです。そうだとすれば、事実をつかむ手段は極めて限定されます。違法行為に至った記者魂を声高に非難する気にはなりません。

わたしはジャーナリストというよりブンヤだと自認しています。過去の事件取材では、表ではとても話せないようなことをしてネタを取ったこともあります。表玄関から来た記者に、誰が隠さねばならないことをぺらぺらしゃべるでしょう。ただ、そうした舞台裏の経緯は墓場まで持って行かねばなりません。新聞記者の仕事がきれいでどうする、と感じて久しいのです。**誤解を恐れずに言えば、記者の仕事なんて、そうは褒められたものじゃありません。きれいで無難な仕事だという勘違いが記者のどこかにあるとすれば、それが会見や発表での情報を無批判に流している現状につながっているように思えてなりません。**

実際に新聞社に入社してくる大半の学生さんは偏差値のよいタイプが来ます。無難に暮らすとか、子どものころから長いものに巻かれるのに慣れている青年が少なくない。そういうひとが記者になると、やはりそうした取材をして、無難な記事を書きがちになるのかもしれません。

記者はあくまでも世の中の一部ですから、世の中自体がそういう風潮にある現在、これはやむを得ないのかもしれません。意気に感じてからだを張るひとを冷笑するような点取り虫たちが跋扈している。公権力の乱用と言いますか、ちょっとデモをしたりするとおまわりさんがすぐに捕まえたりするという、そういう傾向も一段と強まっています。

そういった風潮の結果として、「何か目立ったことをすると、誰かに刺されるのではないか」「何か異端な言説を唱えると、叩かれるのではないか」という脅えが身に染みついてしまって、萎縮しているひとが世の中では圧倒的です。ネット世界を見れば、それは如実です。それがマスメディアの世界に伝染しているとしても不思議ではないでしょう。

（＊16）　２００５年4月25日、ＪＲ西日本の福知山線で発生した脱線事故で１０７名が死亡した。ＪＲ西日本の記者会見で、読売新聞大阪本社社会部記者がＪＲ幹部らに暴言をあびせたとして、読売新聞は謝罪記事を掲載（２００５年5月13日付）。

●情報の受け手が心掛けるべきこと

原発の話からだいぶ離れてしまいました。しかし、もうひとつだけ、最近気になっていることをお話しします。

それは古くて新しい命題なのですが、客観公正中立の問題です。結論を急げば、**メディアにはことばの本来的な意味での「客観公正中立」なんてものはありません。なくてよいのだと思います。読者が記事を読み、考えて主体的に判断することが大切です。**

福島原発事故以来、新聞各紙のカラーが鮮明になってきたと感じています。それは歓迎すべきことだと思います。これまで日本の各紙はあまりにも似通った内容でした。しかし、日本以外の国だと、政府紙、野党紙、左翼紙、右翼紙、あるいは特定の宗派を代弁する新聞といろいろあって、読者のほうもそれを念頭に置いて読んでいます。それぞれの言い分、見方を新聞で知って、読者一人ひとりが最終的に自分で考え、判断することが肝心です。これが健全な、メディアと社会の関係だと思います。

最近、最もわかりやすかったのは反原発、脱原発デモの扱いでした。東京新聞は一面から社会面、特報面に至るまで詳細に紹介しました。それに対して、推進派の論調が強い新聞は社会面の片隅にほんの少し紹介していた程度でした。

誤解のないように丁寧に言うと、事実をねじ曲げて書いてはいけないことは自明のことです。虚偽が許されないことは客観公正中立以前の問題です。そして実際、どの新聞でも、そうウソは書いていないのです。ウソは書いていませんが、力点の置き方や解釈が違うのです。水が入っている器と見るのか、器の中に水が入っていると見るのか、それだけでも違います。

こういう言い方はとても堅いのですが、あらゆる政治的な事象が各種利益集団のぶつかり合いの産物である以上、報道には客観的なデータはあるけれど、客観公正中立な立場なんてものはそもそもないのです。一般的に「客観公正中立」を唱えるひとたちというのは、およそ支配の側にいて現状維持を保ちたい。それゆえ、それに対する異議申し立てに対して「そういう偏った見方はするな」という言い方をしがちです。これまでの原発をめぐる議論もそうでしょう。もっと言えば「このネタを取り上げよう」とか「取り上げるのをやめよう」という時点から、じつは客観公正中立なんてものはないのです。目の前に菅直人さんがまたお遍路をやるというニュースがあり、また、もう一方に路上生活者への炊き出し場所がなくなるという話題があった場合、どちらを大きく取り上げるかと判断する時点ですでに主観が入ります。

ですから、**読者もまた賢くならなくてはいけません。メディアを客観視しなくてはいけません。それが市民の自立への第一歩です。**メディア論などをやるひとたちは「メディア・リテラシー」などと難しく横文字で言いがちですが、これは大切な視点なのです。

もうひとつ昨今よく話題とされる記者クラブについても、わたしの考えを述べておきます。記者クラブが当局情報の単なる垂れ流し機関にすぎず、無用の長物だから廃止してしまえという意見があります。しかし、わたしはこの意見には反対です。役所の内部に本来、部外者であった記者たちがいるというのは、どれだけその監視能力が衰えていても、当局にとっては本音では歓迎できることではありません。

当局情報を垂れ流しにしている記事が多いという批判はもっともでしょう。しかし、これは記者クラブが悪いというよりは、書いている記者がダメなのです。先ほども触れましたが、当局は何十年と広報技術を磨いています。これはいかにまずい情報を隠すかという技術でもあるわけです。警察でいうと、わたしたちの若いころは所轄署の刑事部屋に出入りできていました。そのことで警察の動きが見えるのです。いまはできなくなっています。おそらく、閉め出されたときに強く抗わなかった結果です。反省すべきはむしろこうした点だと思います。

記者クラブが大手メディアで構成されていて、排他的であるという批判があります。これはもっともだと思います。わたしは加盟費や持ち回りの幹事役といった運営上の責任さえ分担できるのなら、フリーランスにも原則オープンにすべきだと考えています。

新聞やメディアをめぐる悩ましさについて、あれこれお話しました。しかし、わたしは自分がつくる側であるという立場を離れても、新聞情報はいまも貴重だと思っています。というのも、新聞社は情報を取るために膨大なカネとひとを使っています。一時、ネット新聞が流行だったことがありましたが、定着しませんでした。マスメディアが取材に費やすカネやひとという組織力に対抗しきれなかったからだと思います。

そうした情報の豊富さと、かつニュースの扱いや見方が各紙によってそれぞれ異なるということを認識されたうえで、くり返しになりますが、**皆さん自身でそれぞれ情報を判断されることが何より大切なのだということを忘れないでください。そのための簡単なノウハウなどというものはなく、いろいろ読み比べてみるしかない。そして、自ら考えて判断なさってください。**

それと、皆さんの意見がメディアを変える可能性があるということも気に留めておいていただきたいのです。メディアを皆さんは巨大に見過ぎているような気がします。むしろ、**皆さんにはメディアを左右する力があります。読者あっての新聞だからです。あまり受け身にならず、どうしたらメディアの現状を変えていけるのか、そう能動的に考えていただきたいのです。**

第4章 震災・原発事故から見えてくる日本社会

●原発問題は現代社会の縮図

ここからはとりわけわたし個人の考え方で、特報部を代表しての意見ではないことを前提に聞いていていただきたいのですが、「3・11」以降、多くの原発の記事をつくりながら、常に念頭に置いていているのは、そもそも「原発事故とはなんなのか」という根源的な問いでした。

そして、その結論は**「原発問題は原発問題単独として存在するのではなく、現代の日本社会の縮図なのではないか」ということ、それゆえ、反原発や脱原発の運動は単に原発をなくすということにとどまらず、様々な社会の歪みを直していくことだし、社会の歪みを正すことなくして、原発をなくすこともできないと考えています。**そのためには、反原発、脱原発を訴えるわたしたち自身も変わらねばならないかもしれません。単に原発が怖いからという感覚で反原発を唱えることは大切ですが、それだけでは原発をなくすのに充分ではありません。やはり、これは闘いなので勝たねばならないと思います。

このことは大量消費の暮らしのあり方を変えねば、原発はなくならないとか、反原発デモを弾圧する警察の姿勢を批判しなくてはならないこととか、いまの労働者の間の階層構造をなくすこと抜きに被ばく労働はなくならない、といったことに思いを至らしていただければ、わかりやすいかと思います。

たとえば、原子力ムラが悪いと言われています。そのこと自体に異議はないのですが、では、原子力ムラとはなんなのか。どうして原子力ムラが存在するのか。なぜ、ムラになっているのか。わたしは以前からこの点がひじょうに気になっているのですが、実は日本がムラ社会だからこそ原発が成り立っているという見方ができるのではないかと思っています。

つまり、近代市民社会とは対照的なムラ構造の色濃い日本社会を変えなければ、いくら原発の危険性を訴えても原発はなくならないのではないか、という根源的な考えです。周囲のみんなはおカネがもらえて雇用も増えるから原発建設に賛成している、自分ひとりの反対で建設を反故にさせるのは申し訳ないのではないか、およそ自分ひとりの力では反対も成就できないのではないか、といった心性はどこの原発立地の住民たちにも共通してあるわけですが、こうした精神風土を変えなくてはならないということです。

これは原発立地の集落に限った話ではありません。いまでこそ、小出裕章さんは時のひとになっていますが、福島原発事故の前までは世渡りの決して上手でない国立大学の助手（助教）のひとりで、大半のひとには「なんか突っ張ったこと言って冷や飯を食わされているけど、もうすぐ定年だよね」くらいにしか思われていなかったと思います。そういう一刻者《いっこくもの》というか、自説を曲げない異端のひとびとを無視、排除していく、あるいは学者として備えているべき自

図4／こちら特報部の記事（2011年4月1日）

故郷危機 怒りと無力感

福島原発の地元反対同盟

闘い40年 石丸小四郎さん

深刻化こそすれど、一向に収束の見通しが立たない、東京電力福島第一原発の事故。その原発の目と鼻の先に住み、原発反対運動を四十年続けてきた男性がいる。福島県富岡町の元郵便局員石丸小四郎さん（六八）。避難先で、「故郷を失って流浪の民になった怒りと悔しさを、原発を日本からなくす活動につなげる」と話す。（出田阿生）

「故郷は失われた。生涯かけて責任追及する」と話す石丸小四郎さん＝秋田市内で

石丸さんはいま、秋田市内にある姉のマンションに孫二人と身を寄せる。避難指示が出た自宅は、第一原発から約四キロ。富岡町の沿岸部は津波ですべて流されたが、町内の高台にあった石丸さん宅は難を逃れた。

「だが、生きているうちには二度と戻れないと覚悟した」

最近の新聞記事に「避難指示地域で発見された遺体は、高濃度の放射線に汚染されており、収容できていない」とあったからだ。亡き妻が気に入っていたログハウス、故郷の森…。もう一度見たい、といういちるの望みが消えた。

石丸さんは一九七〇年代から原発反対運動を始めた。現在は「双葉地方原発反対同盟」の代表を務める。学習を重ね、放射能の怖さを身に染みて知った。自分たちが住んでいた町は、病院の中にある「放射線管理区域」と同じだと例える。

「放射能は痛くもかゆくもねえし、臭いもしねえ。地元のじっちゃ、ばっちゃには『被ばく量を測りながら入る仕事場と同じで、まま（飯）も食われねえ場所なんだよ』と説明するんだが…」

事故発生後、知り合いから「あんたは反対運動してたから『それみたことか』と思ってるべ」と言われる。

「けれど、そうじゃない。四十年も反対して止められず、こんなことになってしまった。ものすごく無力感にさいなまれている」

交付金特需→財政悪化→原子炉増設

雇用と引き替えに

石丸さんが富岡町に移り住んだのは六四年。第一原発の建設工事が始まる直前だった。「原爆のことを考えたら、夢のエネルギーといわれても半信半疑」だった。後に双葉町長になって推進派に転じた岩本忠夫氏に誘われ、第二原発建設の反対運動に参加した。

しかし、「反対運動はあっという間に切り崩された。

もともと、福島県双葉郡は産業がなく出稼ぎが多い。ところが原発建設が進んだ七〇～八〇年代、地元は〝原発特需〟に沸き返った。喫茶店や居酒屋、下宿屋などが林立。町には交付金など数千億円が流れ込んだ。

「飲み屋の主人が『こんなに金もうけていいもんだべかな』というくらい。そのうち仙台のようになるといわれた」

子や孫が原発関連の仕事に就職するようになり、反対派は一人消え、二人消えしていった。

しかし、特需は建設工事が終わると去った。それにもかかわらず、地元自治体は体育館や温泉施設などをどんどん建設した。しかし、夢物語はいつまでも続かない。

「電源三法交付金は建設後十年もたてば急減する。借金と施設維持費で首が回らなくなり、財政再建団体寸前に陥った」

由な批判的思考を停止した結果として、原子力ムラも原発も成り立ってきたわけです。福島原発も1970年代ごろまでは、それなりに大きな反対運動がありました。しかし、「もっと現実的になろう」というい つもの論調で、先頭に立っていたひとが推進派に寝返り、反対運動をしていたひとびともひとり抜けふたり抜けという状態が続いた結果、事故前には反対派はほんの数人というところまで追い込まれてしまいました。覆っていたのは「みんな抜けていくのだし、自分だけが……」という空気です。

福島第一原発から約4キロ離れたところに自宅のあった石丸小四郎さんという元郵便局員の反対派のひとがいます（図4）。以前、取材でお世話になったのですが、今回の事故後、周辺の住民たちから「あんたは、きっと、ほらみたことかと思って、溜飲を下げているんだろう」と皮肉っぽく話しかけられたのだそうです。

そう言われた石丸さんは「違う。おれは原発を止められなかった自らの非力さを嘆いているんだ」と返答したのだそうです。同じようなことは小出さんもおっしゃっていました。その石丸さんは自宅近くの妻のお墓にも墓参りができなくなってしまった、その悔しさを込めていま一度、反原発の運動に立ち上がるのだと話していました。このおふたりの話は「こちら特報部」でも紹介させていただきました。こういうひとたちの存在は希望です。**自立した個人を保つというのは自らの弱さとの格闘です**。その格闘から彼らは逃げなかったのです。そうした生き方をあらためて学ばねばならないと思っています。

もうひとつ、**わたしには「原発という装置はさまざまな差別の複合体である」という認識があります。**たとえば、資本と原発労働者の関係です。原発の被ばく労働者ですね。誰か被ばくする労働者がいなくては、すなわちいのちを削って人身御供になる労働者を抜きには原発は成り立たないのです。被ばく労働者の存在には、本工と非正規雇用の問題が横たわっています。このへんのことはもはや古典といってもよいと思いますが、堀江邦夫さんのすぐれた体験ルポである『原発ジプシー増補改訂版』（現代書館）をお読みになっていただきたいと思います。

リーマン・ショック後の２００８年暮れに「年越し派遣村」（＊17）の盛り上がりがありました。それから3年ですが、非正規労働はますます蔓延し、生きにくさは増すばかりです。このことと原発は結びついています。つまり、原発の被ばく労働者に代表される労働者間の階層、差別構造はいまも変わるどころか、酷くなっています。そういう存在を許してきたのは日本の労働運動の弱さであり、社会的な連帯感の喪失でしょう。

原発は人柱（被ばく労働者）と未来へのツケ（放射性廃棄物）が不可欠なシステムです。少数であれ、ひとのいのちと引き換えの「繁栄」など、臓器売買となんら変わらぬ下品でグロテスクなシステムだと思います。わたしたちは競争社会のなかで他人に対する酷薄さにあまりに慣れすぎてしまっている。グロテスクさを看過してきたのはわたしたちでもあるのです。

非正規労働を抜きに経済成長は保てないという神話は経済界の常套句です。原発抜きに日本経済は成り立たないという台詞とそれはリアルに重なります。いわば、社会全体が原発化して

いるのです。

さらに、いわゆる都市と地方の差別構造も見逃せません。地方の過疎を利用して、都市は原発の危険を地方に押しつけてきました。原発立地の自治体の交付金漬け状態はそれを示しています。交付金という毒まんじゅうは与えたほうが責められて当然ですが、食べた側の責任もあります。さらにその地方の間でも交付金を受けた自治体とそうでない自治体間の感情的なもつれが存在します。都市と地方の格差をなくすための社会のつくり替えもわたしたちの射程に入れなくてはなりません。

同じ地方のなかでも、社会的弱者に事故のしわ寄せが集中するという問題もあります。それが今回の事故では顕在化しました。皆さんもご存じだと思いますが、今回の事故で原発直下にある大熊町の精神科病院の患者さんたちが、避難の過程で取り残されて死んでしまったという事件がありました（＊18）。また、避難しようとしていた別の精神障がい者のひとたちが、避難所に入れなかったという問題も起きました（＊19）。

ひとことでいえば、あの病院は現代の「姥捨て山」だったのです。犠牲になったひとたちの多くは高齢の認知症の患者さんたちでした。福島のような地方では、まだ地域コミュニティが生きているだろうと、都会に住むわたしたちは勝手に思いがちです。しかし、そこでは高齢者介護が精神科病院への「社会的入院（回復しても社会復帰の不安から病院にとどまる）」という形で処理されていたわけです。そして、ひとたびこうした大災害が起きれば、その犠牲は彼ら・彼女らのような社会的弱者に集中するのです。

（＊17）　２００８年秋のリーマンショックで職を失ったひとが急増、とくに派遣社員の24％が「派遣切り」にあった。仕事も住居も失ったひとびとへの救援策として、ＮＰＯや労組が２００８年12月31日〜２００９年1月5日に東京都日比谷公園に簡易宿泊所を設置し、相談窓口を開設。政府は実行委員会の要請により、2日から厚労省の庁舎講堂を宿泊用に開放した。製造業での「派遣切り」を招いたとされる派遣法の改正をめぐる議論は、いまも続いている。

（＊18）　福島第一原発から約4・5㎞に位置する大熊町の精神科病院、双葉病院で、町民がすでに全員避難しているころ、ようやく最初の避難車両が到着。その後も残された患者たちは、ライフラインが不充分なかで過ごし、数日のうちに20人以上が死亡したとされる。当初、病院職員が患者を置き去りにした、との報道もあったが、後に院長らは残って避難対応にあたっていたことが判明している。

（＊19）　福島県南相馬市で作業所に通所する精神障がい者とスタッフが避難を希望して、ある避難所にたどり着いたものの、「一般人のいる一階には精神障がい者は入れられません」などと差別にあった、という例が報道されている（２０１１年5月25日東京新聞）。

●原発は権力の暗部に根差す

原発は外交や安全保障問題にもつながっています。原発が国策といわれる根拠でもあります。そこにあるのは「日米同盟」、日米関係ですね。この問題も特報部では取り上げました。

ご存じの通り、日本の原発建設は１９５３年のアイゼンハワー米大統領による「核の平和利用」演説に端を発しています。この話は先の読売新聞のところで少し触れましたが、米国は冷戦構造下で原爆や水爆といった武器製造だけでは食べていけなくなった軍需産業を生かすために、技術としてはまったく同じでありながらも軍需用ではなく民間産業で使える原発を開発し、他国に売り込み、原子力技術による新たな世界支配をもくろんだわけです。

しかし、それを受け入れた日本側の意図は米国に単純に服従したということだけではなかっようです。１９６０年の安保条約改定と同じ構造の問題ですが、日本の保守層には敗戦後、自主独立の柱として核兵器の保有を企てたひとたちがいました。彼らはいわゆる面従腹背《めんじゅうふくはい》で、日本の核保有を警戒する米国と原発建設で合意したのです。

核兵器はいまもなお、世界では国家の独立性を保つ道具として使われています。イランや北朝鮮が核保有にこだわるのもこのためです（図５・47ページ）。ことの善悪は別として核を持てば、現実に他国の対応は違ってきます。この傾向は日本とて例外ではありません。政府は１９６０年代後半、極秘で核保有を検討していました。

ですから、原発と再処理による潜在的核保有と日本の安保外交政策、さらに日本の核保有を警戒する米国との関係は、きわめて繊細な歴史的、現在的な課題であると言えます。いまは民主党に属していますが、元は自民党にいた鳩山由紀夫さんらが、なんとか原発を維持しようと超党派の地下原発議連なるものに参加しているのも、自民党の党是である自主憲法制定（＊20）につらなる発想に、いまも縛られているからでしょう。

それに加えて、首都圏のひとびとは自分たちが原発事故で直撃される危険性からは遠いと勘違いしがちですが、**東京湾にも実は原発があるのです。横須賀基地を母港とする米国の原子力空母の存在です。これは動く原発です。出力こそちいさいですが、燃料棒のウラン濃縮の度合いは原発よりはるかに高く、その危険性は変わりません。**しかし、その安全については軍事機密に直結するので、厚いベールに包まれています。日本政府が安全だと言っている根拠は「米軍が安全と宣言している」というだけで、これは信仰以上の何物でもありません。

再稼働賛成派のなかには、北東アジア情勢と日本の潜在的核保有力の維持を絡めて主張するひとたちが少なくありません。原発を廃絶するにはこうした内外の安保外交戦略をめぐる論争も避けては通れません。

さらに今回の原発事故とその後の対応は、3年前にあれだけひとびとが熱狂した政権交代の実像を浮き彫りにしました。**民主党政権の原発事故後の対応を簡単にまとめると、「手に負えない事故を手に負えるもののように矮小化し、事故の真相を市民に隠して、危機に見合った対策を放棄し、それによって住民たちを犠牲にした」というように集約できると思います。それはいまもなお、除染の幻想を振りまく形で続いています。**

●核弾頭数は実際に使用できる状態のものと、貯蔵されているものなどを合わせた推定数です。

図5／核弾頭の保有数と世界のおもな核実験場

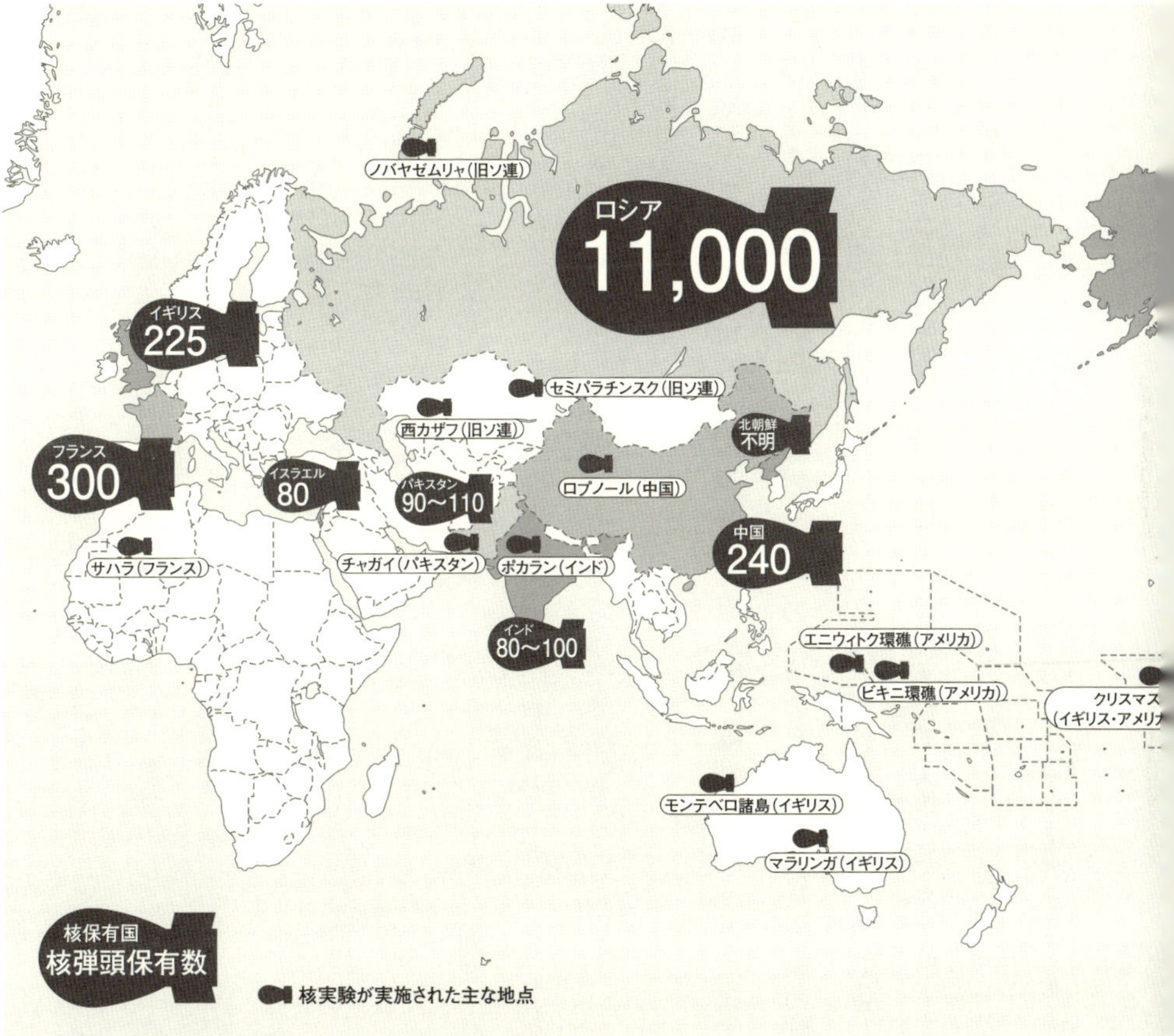

ストックホルム国際平和研究所(SIPRI) 刊行の軍備・軍縮年鑑(SIPRI Yearbook: Armaments, Disarmament and International Security) 2011年版などを元に、長崎原爆資料館が作成。

その結果として、福島の多くの子どもたちが「ヒバクシャ」になりました。先行きを悲観して自らいのちを断った農民や酪農家たちがいます。将来、出産してよいのか悩んでいる女性は数えきれません。故郷を失ったひとびとは数知れない。墓参りひとつできないのだから、ひとびとの記憶すら踏みにじられるのです。**まだまだ、犠牲者も犠牲の形も現在進行形で増えています。**

SPEEDI（＊21）のデータを公にしなかったという代表的な情報隠しは、何回か紙面でも取り上げました。情報操作で言えば、再稼働のための電力不足キャンペーンのウソも特報部では暴きました。「被ばくの被害は気の持ちよう」とうそぶいて、福島県立医科大学の副学長におさまった山下俊一さんも追い掛けました。若い記者がうまいこと話を聞く機会をつくり、取材したのですが、そのときも彼は「セシウムは全然危なくないんだよね」と屈託なく言ってのけたと聞きました。

事故から半年を過ぎたころ、人体実験にも似た形で福島の住民への定住化策が強調され、それを正当化するための除染という儀式を原子力ムラの日本原子力研究開発機構（旧動燃）が仕切り、高速増殖炉計画が破綻しても彼らが生き残れる仕組みがつくられました。機構の除染実験を再委託したゼネコンは全国の原発建屋建設の実績で上位だった3社です。彼らは原発をつくることで稼ぎ、壊れてもまた稼ぐのです（図6）。そして、原子炉メーカーの生産ラインを休ませないように、政府はベトナムやヨルダンへの原発輸出に突き進んでいます。

図6／こちら特報部の記事（2011年12月8日）

除染も「ムラ」の利益

その「復興」の早さに驚く。被災地ではない。原子力ムラである。福島原発事故後の除染モデル事業は独立行政法人・日本原子力研究開発機構（原子力機構）が担うが、同機構が再委託する三つの共同企業体（JV）の幹事会社が原発建設の受注でトップ３を占める大手ゼネコンであることが分かった。そこには造ることで稼ぎ、壊れても稼ぐという「モラルなき構図」が浮かび上がる。（上田千秋、小倉貞俊）

大手ゼネコン、モデル事業仕切る

除染モデル事業でゼネコン3社のJVが担当する市町村

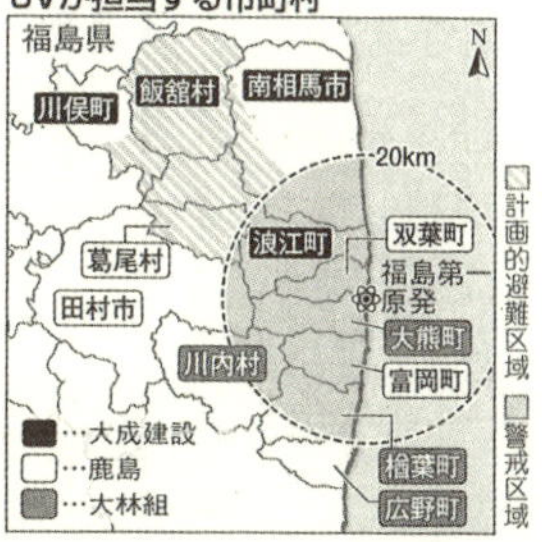

除染モデル事業は、警戒区域や計画的避難区域にある福島県内の十二市町村で、各一～二カ所ずつ実施される。

内閣府から事業を受託した原子力機構が大手ゼネコンの大成建設と鹿島、大林組が各幹事会社のJVに再委託した。国からの約百十九億円の委託費に対し、同機構からJVへの発注総額は約七十二億円。〝ピンハネ〟批判が起きた。

除染作業は先月二十八日に大林組JVが大熊町でスタートしたのを皮切りに、七日までに五市町村で始まっている。

三JVには計二十五社が参加。モデル事業後の本格的な〝除染ビジネス〟には巨額が投じられるとみられ、「モデル事業はその唾付け」と言い切る業界関係者もいる。

このため、各社とも技術開発に躍起になってきた。大林組は英国企業と提携し、衛星利用測位システム（GPS）を使った放射線量測定の技術を導入。大成建設も放射線を遮れるコンクリ製汚染廃棄物保管容器を開発するなどしてきた。

だが、元日本原子力研究所研究員で技術評論家の桜井淳氏は「除染はゼネコンにしかできない仕事ではない」と語る。

「作業をするのは下請けや孫請けで、ゼネコンはマージンが狙い。被ばくリスクの考慮から、通常より三割は高額になるなど〝うまみ〟のある仕事だ」と指摘する。

「原子力機構やゼネコン各社は原発建設を推進してきた。今回の事故についても責任の一端はあるはずなのに、恥ずかしくないのか。除染でも原子力ムラの中でカネを回すという仕組みが、何ら変わっていない」

地元雇用直結せず

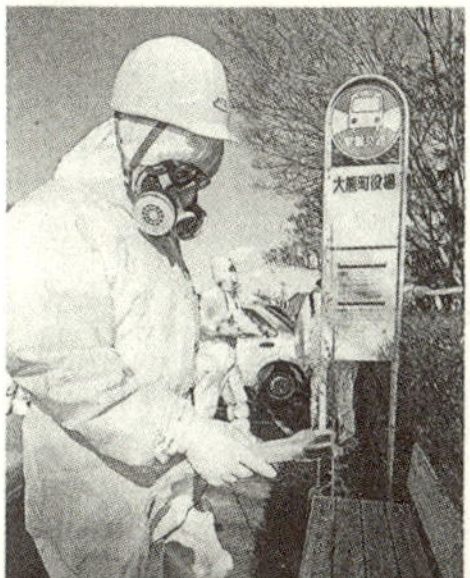

４日、政府公開の除染モデル事業で福島県大熊町役場周辺の放射線量を測定する作業員

工学院大の田尾陽一客員教授(七〇)も、ゼネコンの独占的な参入に疑問を抱く一人だ。田尾客員教授は六月に研究者有志らと「ふくしま再生の会」を結成。同県飯舘村を拠点に住民らの除染活動を支援してきた。同教授は「除染の専門家はいまだにいない。除染は地域再生のためのステップであって、金もうけの手段ではない」と批判する。

「一度除染しても、傾斜地などでは雨によってすぐ高線量に戻ってしまう。繰り返さなければならない。住民グループに委託し、長期的に実施する方が効果があるし、雇用創出にもつながる。せめて原子力機構とゼネコンは、除染前後のデータを公開するべきだ」

現段階での除染そのものに批判的な研究者もいる。東京農工大の瀬戸昌之名誉教授（環境科学）は「取り除いた汚染土壌は行き先がなく、積んでおくだけなので解決にはならない。高線量地域は居住をあきらめ、そこに遮蔽《しゃへい》型の置き場をつくるしかないのではないか」と提言した。

デスクメモ

今年の国際ニュースの筆頭はアラブでの反独裁闘争だろう。独裁は絶望を生み、闘いを招いた。絶望の深さでは、この国も負けてはいない。再生エネルギーの算定委員会人事案に続き、除染にも原発の利権構造が持ち込まれた。そこに恥の感覚はない。カネと保身だけだ。その精神のすさみにおののく。（牧）

こうした政府の動きの根幹には電力会社（電気事業連合会）は自民党、電力大手の労組（電力総連）は民主党と任務分担されたロビー活動、選挙応援の実態があります。議員の行動を支える最大の衝動は常に選挙です。彼らにとって最も怖いのは落選です。ですから、そこを推進派に握られている限り、彼らは口先で脱原発をいくら掲げようと、実際には動けません。こうした政治的背景も何回か指摘してきました。

加えて、司法の責任問題もあります。つまり、反対派住民が行政裁判で負け続けた結果として、現在の原発があるわけです。これも特報部で取り上げましたが、住民側敗訴の判決を確定させた少なからずの裁判官たちはその後、原子炉メーカーなどに天下っています。もともと「司法の独立」を文字通り信じているひとはいないでしょうが、支配の一翼として機能している司法の実状を奇しくも原発事故は白日のもとにさらしたと言えます。警察や検察が本来、追及すべき福島原発事故の刑事責任についても、少なくとも２０１１年末現在、放置されたままの状態が続いています。

（＊20）　自民党は、現行憲法を連合国側から押しつけられた憲法とみなし、自主的な憲法の制定を党是としてきた。２００５年の新憲法草案では「自国を守る権利」として自衛軍をもち、自衛権の発動がありうる、としている。２００７年5月には憲法改正の手続き法である「憲法改正国民投票法」が成立した。

（＊21）　「緊急時迅速放射能影響予測ネットワークシステム」のこと。System for Prediction of Environmental Emergency Dose Information の頭文字。（財）原子力安全技術センターによれば、「万一、原子力発電所などで事故が発生した場合、（略）放射性物質の大気中濃度および被ばく線量などの予測計算を行います」とし、これらの結果は、ネットワークを介して関連各所に迅速に提供されるはずが、今回、事故直後に情報が公開されることはなかった。

第5章　原発はわたしたちに「生き方」を問う

●原発を選ぶことは幸せに結びつかない

こうした社会のさまざまな矛盾を原発が体現しているということに加えて、もう少し状況を巨視的に見たとき、原発を支える思想、哲学、文明観ということも再検討する必要があるでしょう。原発文化への批判です。

たとえば、経済成長と幸せの関係です。先日、大手商社に勤める友人と飲む機会があって時節柄、原発の話にもなりました。彼は「再稼働は必然だ」という立場です。というのも、いまの多数派の日本人には大量消費を背骨とする生活は変えられないというのです。「残念だけど、日本人の民度はそんなに高くない」と彼は話していました。

そして、経済界は「原発がないと、資本の海外流出が加速し、ますます失業が増えますよ」と盛んに脅しています。この点については、脱原発の技術を新たな成長戦略にしようという意見や原発抜きのベストミックスを唱えるひともいて、原発反対の陣営でも考え方は多種多様です。田舎暮らしをひとつのファッションのようにとらえるひともいます。個人的にはその昔、九州の川内《せんだい》原発反対運動の一群のひとたちが「暗闇の思想」を訴えていたことが印象に残っています。つまり、代替エネルギーの戦略はいらない、それより電力をあまり使わない社会や暮らしを創ろうという発想です。

どういう将来像が正解なのかはいま、わたしには断言できません。もっと議論を煮詰めていく必要があります。結論はどの選択が幸せと結びつくかであり、その際、難しいのは幸せの形はひとによってさまざまだという点です。しかし、幸せに多様性はあれど、被ばく労働者という人身御供や、「トイレのないマンション」に例えられるように数万年という単位で未来の世代にツケを残していかざるを得ないようなシステムは、それだけで不幸であると言い切れます。わたしはその一点だけでも再稼働はあってはならないと考えています。

科学技術の進歩には常に失敗が伴い、原発も例外ではなく、今回の事故はやむを得ない犠牲であると説くひともいます。あの吉本隆明さんもそうです。この際、自分の家族が犠牲になっても、そう言えるのかという感情的な反発は横に置いておきます。ただ、「人間は自然の主人公であり、所有者である」という17世紀のデカルトのことばに端を発し、その後のマルクス主義も含めた「科学と技術を通じ、人間は自然よりはるかにすばらしい世界を築ける」というような発想は、すでに古くさい近代万能主義ではないか、とわたしは考えています。

いま、ひとは病院で機械につなげられれば、意思を失っていても「長生き」だけはできます。しかし、それが当人にとって幸せか否かは別問題です。それゆえ、多くのひとは死の間際でそれを拒否します。

1950年代から60年代初期にかけて、「社会主義の死の灰は無害だ」と素朴に信じていた共産党員たちがいました。当時の共産党は「民主的につくられ、運営される原発なら科学の進歩の産物であり、歓迎すべきものである」と主張していました。彼らも近代万能主義という点では同じでしたし、冷戦という国際情勢の下での原発推進はソ連や中国を中心とした社会主義勢力の防衛に役立つという政治的なそろばん勘定が主張の背景にはありました。

いま、共産党は原発撤廃を訴えていますが、当時の言説を党として撤回したとは聞いていません。1960年代に「いかなる国の核実験にも反対」という台詞をめぐり、これに共産党が反対して原水爆禁止運動(＊22)が分裂したことは広く知られています。

資本主義であれ、社会主義であれ、近代では生産力と生産能力の向上がひたすら追求されてきました。しかし、そのことがひとの幸せに結びつくのか、あるいは人間にとってどんな意味を持つのかということについて日本で問われはじめたのは、1960年代末の学園闘争以降のことだと記憶しています。東日本大震災から2週間後に亡くなった生物学者の柴谷篤弘さんがこうした近代科学万能主義を批判し、『反科学論』(ちくま学芸文庫)を上梓されたのは1973年のことでした。

いずれにせよ、それからすでに約40年が経っているのです。経済成長が資源の枯渇や地球環境の危機を招いていると言われて久しい。核兵器を含む大量破壊兵器の保有が国際社会における発言力を裏打ちするという野蛮さも批判されて久しい。にもかかわらず、わたしたちはそれらの問題提起にきちんと向き合ってこなかったのです。そして「3・11」を迎えたのでした。

（＊22）アメリカの水爆実験で第五福竜丸が被ばくした（1954年3月）のを契機に、東京・杉並区の主婦たちから原水爆禁止の署名運動が広がり、55年8月に第1回原水禁世界大会が開催される。その後、中国の核実験などをめぐって運動が分裂。「原水爆禁止日本国民会議」（原水禁）と「原水爆禁止日本協議会」（原水協）に分かれた。

●近代文明への疑問を排した結果、生まれたムラ構造

原子力は制御の難しい技術であり、ひとたび事故を起こせば、取り返しのつかない今回のような被害をもたらします。それを単純に進歩のための犠牲とか、技術開発は科学者の業であって仕方がないと言いくるめるのは学者たちのおごりではないのか。そういった近代の思想、哲学の原点をめぐる再考も今回の事故はあらためて促していると思います。

英国の科学史の大家にジェローム・ラベッツというひとがいます。彼には『ラベッツ博士の科学論』（こぶし書房）という著作があるのですが、そのなかで「科学に基礎を置くわれわれの産業文明全体は、回避しようにもすでに手遅れかもしれないような壊滅的な結果をもたらし、われわれの住む世界を台無しにしている」と述べています。

近代科学に対するこうした疑問を排した進歩万能の信仰が「産学官政」の鉄壁の原子力ムラには流れています。学問は本来、批判的かつ自立的であるべきなのに、日本の徒弟的なアカデミズムの世界はムラ社会そのもので、自由な批判は許されません。生産力主義の成果は経済成

長に結びつき、それを歓迎する産業界や国家が与える名声や研究費ほしさから、アカデミズムはカネ（産）や権力（官）と癒着しがちでした。原子力の分野も例外ではありません。ちなみにそうした産学官の癒着構造への批判は学園闘争の中核的なテーマでした。

この問題意識はその後、水俣病をはじめとする反公害闘争に継承されていきました。いまはなき、東大工学部の助手で1970年に夜間自主講座を開設した故宇井純先生の「公害原論」全三巻（現在は『新装版　合本　公害原論』として亜紀書房刊）を最近、読み直しました。そこにはいま反原発、脱原発で問われている課題の大半が記されています。もし、お時間があれば、ぜひめくってみてください。先生は晩年、沖縄大学に奉職されていて、そこでお会いしたことがあるのですが、反体制的な立場ではメシが食えないという学者世界の「常識」をどう考えておられるのかという質問に、「それはメシの食い方だ」と笑い飛ばしておられた姿が印象に残っています。

水俣病を医師の立場で告発し続けてきた元熊本大学の原田正純医師を特報面で取り上げたことも、こうした問題意識からです。それぞれ専門分野は違いますが、宇井先生やこの原田先生など、当時のいわゆる「造反教官」の系譜に、小出先生や今中哲二先生といった京大原子炉実験所の「六人衆」と呼ばれたひとたちがつらなっています。小出先生の生き方の原点にも学園闘争がありました。そうした艱難辛苦《かんなんしんく》を耐えてきたひとたちがいま、脚光を浴びているということは、原発事故という不幸のなかで数少ない光明のように感じるのです。

ただ、同時にやはりわたしたちは反省せざるを得ないと思います。すなわち、破局は訪れるべくして訪れたのです。40年前に提起された多くの問題は「偏った異端の論理」とレッテル張りされ、長い間投げ捨てられたままでした。

学園闘争などの敗北が、アカデミズムにおけるラディカルな異議申し立てそのものを葬ってしまったのです。残ったのは「長いものに巻かれろ」という原発立地でまかり通ってきた論理でした。原子力ムラも原発立地のムラもその根は同じ前近代的な日本社会の構造に根ざしており、その悪弊が放置されてきた一因にはわたしたちの「奴隷」根性があったとわたしは考えています。それを直視しようとせず、わたしたちは今日まで歩いてきてしまった。**原発はそうしたわたしたちの怠惰な精神の結晶だと言えなくもないと思います。**

●第二の「戦後」をくり返すな

こうしてみてみると、原発事故や反原発のテーマはいくらでも報じる切り口があるわけです。特報面ではそういったことを一つひとつ、取り上げようと努めてきました。冒頭にも申し上げましたが、**原発問題というのは原発問題単独であるのではない。社会の縮図として現在の原発問題があるという捉え方をしなくてはならない。それゆえ、原発をなくすためにはトータルにいまの社会とわたしたち自身のこころを変えていく必要がある。**これが紙面をつくる際のわたしの基本スタンスになっています。

それを具体化するときに避けて通れないのが、事故の責任問題です。責任問題は先にお話したような原発を覆う社会矛盾と直結しています。どうして、問題が山積されている原発が全国に蔓延してしまったのか。責任問題はそのことを問うのです。**原発事故は原発事件です。つまり、それは自然にできあがったのではなく、意思ある人間によって導かれた。それゆえ、責任の所在をきっちりしない限り、また反省なき悲劇が形を変えてくり返されるのでないかと案じています。**

東京電力の今日にまでいたる態度は、とても加害企業のそれとは考えにくい。まるっきりひとびとを見下したもの言いに終始しています。記者会見での姿勢ひとつとっても、皆さんもそうした印象を持たれているのではないでしょうか。

事故後も電力不足キャンペーンでひとびとをさんざん脅して、原発の再稼働を企てました。しかし、この夏、電力はわたしたちの指摘していた通り、足りていた。そうかと思うと、あっという間に救済法案を成立させ、倒産を防いでしまった。賠償も結局は国任せであり、**いつの間にか被害者であるはずの国民が、血税で加害者の東電を支えなくてはならないという倒錯した仕組みがつくられてしまいました。**

この関係は資本主義経済の原理をも逸脱しています。東電は単なる民間企業です。事故を起こした私企業は、自らその責任を負わねばなりません。補償や事故収束のために本店ビルを含めて売却可能な資産はすべて現金化し、役員や社員の報酬や年収を削減する。株主が有限責任を問われるのは当然で、融資している銀行は債権放棄をしなくてはならないはずです。これが世界共通の市場のルールです。

ところが、実際になされたことはどうでしょう。共犯関係にある官僚たちと、電力会社や労組に選挙や金銭面で借りのある政治家たちが、事故を起こした企業の延命のために国民の懐に平気で手を突っ込んでくる。原発建設を含めたあらゆる経費に利潤を乗せた総括原価方式（＊23）という特殊というか、原発建設を支えている市場の需給メカニズムからかけ離れた電力料金の仕組みすら、いまもなお肯定されたままです。そして、東電は平然と電力料金の値上げを打診している。こんなばかげた話はありません。でも、それが現実なのです。この企業には反省など欠片もありません。あたかも被害者のごとく振る舞っています。

「3・11」は第二の敗戦とよく称されますが、たしかに「8・15（敗戦）」と福島原発事故はよく似ていると思います。このふたつはその破局の時点においては、ともに「呪術国家」とでもいうべき日本という国を可視化してくれました。無謀な自爆攻撃（特攻隊）に至ったかつての軍国主義と同様、原発事故もそれが内包している人柱（被ばく労働者）と未来へのツケ（放射性廃棄物）という不条理を露呈させました。

では、どうしてそんな不条理がまかり通ってきたのでしょうか。大きくふたつの理由があると思います。くり返しになりますが、ひとつはそれを推進することで得をするひとたちが国家やムラ社会という装置を通して民衆を操ってきたから。もうひとつは民衆自身が「長いものに巻かれろ」と、自ら考えることなく、無責任にお上任せの姿勢を続けてきたからだと思います。うそっぱちを説いてきた原子力ムラの御用学者も、原発絡みの公益法人に蝟集《いしゅう》する天下り役人も、その後輩の現役たちも、電事連や電力総連にぶら下がる国会議員も、御用メディアもみんなそうでしょう。原発推進の彼らの動機を精査してみれば、結局のところ、自らの権威やカネを求める我欲でしかありません。九州電力の「ヤラセ」問題（＊24）では、九電と知事、玄海町の土建業の町長のずぶずぶの共存関係をわかりやすく露呈させました。

ただ、それらがわかっても、その地方では一揆すら起こりません。たしかに東京では大規模なデモはあったけれど、東電本店は警察に堅く守られ、石ひとつ投げ込まれていません。洗脳されてきた民衆自身の加害責任もあると思うのです。民衆は太平洋戦争ではたしかに被害者だったけれども、同時にアジアの民衆に対しては加害者でもありました。そして8月15日の後、ドイツやイタリアと違い、日本では誰がこの災禍をもたらしたのかという戦争責任を民衆は自らの手で裁こうとしませんでした。あれだけ犠牲を強いられながらも、日本人の「奴隷」根性は変わらなかったのです。

自らの後ろめたさを被害者感情と、その後の経済成長に雲散霧消してしまいました。政治学者の丸山真男はこうした日本社会の特殊性を「無責任の体系」と呼びましたが、その姿はいまもなお、原発交付金を求めて再稼働に賛同する住民が圧倒的という原発立地の姿に重なっています。

責任を取りたくないひとたちはキャンペーンをくり広げました。何をしていたかというと自らの責任を棚に置いた自己憐憫、自己陶酔のオンパレードです。それの象徴が、サッカーの日本チームの選手たちが盛んにテレビに出てきて唱えていた「がんばろうニッポン」のキャンペーンです。責任問題についての議論が上がりそうになると、いまはそれどころではないと退けられました。「日本人はここまで辛酸をなめながらも秩序だって行動している」と、海外メディアに褒められていると自画自賛もしていました。「福島の東電職員は戦っている。責任追及なんてことを言っている輩は国賊だ」という風潮すらありました。そして残念ながら、多くの国民はそれにのせられました。

「フクシマ50」なる英雄談は醜悪ですらあったと思います。つまるところ、それは他人に人柱になってくれという残酷な話にすぎません。自分がなるわけではないのです。戦時中の「爆弾三勇士」とか「特攻隊」とどこが違うというのでしょう。しかし、それに異議を唱えさせない空気が広がりました。かつて60年安保闘争を闘った高齢者の集団がフクシマ志願隊を呼びかけ、新聞で紹介してくれと電話してきたことがありました。思いっきり怒って断ったのですが、こうした歪んだナショナリズムは危機が深刻になったときほど、その根深さを露わにします。

しかし、屈従の下での自己中心的な酷薄さは福島の子どもたちに対する異常な被ばく基準に無関心だったり、福島からの避難住民への差別的な態度にはっきりと示されました。海外から称賛されているというキャンペーンを鵜呑みにする一方で、東電や政府が通告のないまま大量の汚染水を海に流し、海外からその姿勢が「テロに等しい」と厳しく指弾されたことについては、ほとんど問題視しませんでした。

本来の近代国家は「個人」あっての国家です。国家と「私」は契約の関係です。主従の関係ではありません。ところが、この国のいびつな近代は、ずっと支配と被支配の関係に支えられてきました。支配されているムラびとの大半もその構造を肯定してきました。それでも、一人ひとりは自分には悪意はないと思っている。自分は与えられた仕事をまじめにこなしている善意のひとだと信じている。これはハンナ・アーレント（＊25）が描いたナチスのアイヒマンと同じです。でも、それは倫理観のない子どもっぽさにすぎないのです。

実際、東電の社員や兵器とか原発の研究者たちもそうだと思います。巨大なシステムを構築しようとするとき、それがなんのためかという根源的な部分への疑問は封じられます。自分は目の前の与えられた課題に懸命に取り組んだだけではないか、なぜ責められねばならないのかというのが、おそらく大半の関係者たちの本音だと思います。

しかし、そうした姿勢こそが無責任なのであり、原発の本質なのです。その昔、福島原発の建設に関わった圧力容器の設計者で、現在はサイエンスライターである田中三彦さんは著書『原発はなぜ危険か—元設計技師の証言』（岩波新書）の中でこう書かれています。

「いかなる問題を前にしても、国や有識者、電力会社、原発製造メーカーの見解はつねに一つの方向にまとまり、けっして〝内輪もめ〟といった醜態をさらすことがない。唯一彼らが批判精神をむき出しにするのは、反原発に対してである。この機械的な反応、無人格性、無批判性こそ、この先わが国で原子力発電が継続されていく際の最大の危険要素かもしれない」

たしかに新たなエネルギーの構想も大切でしょう。しかし、それ以前に福島原発事故の責任をきっちりと問わないといけない。原発がつくられた土壌にある倫理観の欠如、無責任という社会の体質を変えねばなりません。「8・15」と同じ轍を踏んではならないのです。**今度こそ、日本社会を「個人」と人権に根差した社会をつくる方向へ変えてゆかなくてはならないと思います。**実際、そうしないことには、わたしたち自身の健康や安全すら守れません。最も被害の厳しい福島のひとびとの目線に立って、東電や国に責任をとらせる、そういう姿勢を報道の根幹に据えなくてはならないと考えています。

福島原発事故はまだ進行中です。復旧への道も険しい。でも、「禍福はあざなえる縄のごとし」ということわざもあるように、この事故を未来への好機としてポジティブに捉えていきたいとも考えています。

福島原発事故は、自分といまの世界との関係を捉え返すよい機会でもあります。総じていまの日本社会では、ひとびとは萎縮していて、自分から半径2メートル以上先は他人の領域というふうに考えがちですが、今回の事故がそうした風潮をあらため、ひととひととが結びついていくよい機会にはならないものかと願っています。

どれだけ引きこもっていても、自分だけの世界はあり得ません。降り注ぐ放射性物質が好例です。どんなに無視しようと頭上から降ってくるのです。ひとは社会と無縁では生きていけません。だから、その社会を少しでも風通しよくする。道理の通らないことには異議申し立てをする。そんな当たり前のことが実現できる社会を目指したい。微力ながら報道を通じてその手助けができればと心掛けています。

（＊23）電気料金を決める際の考え方のひとつ。まず、発電・燃料・運転・営業・宣伝などすべてを合算して原価を決め、それに報酬として原価の4・4％を上乗せして電気料金を決める。電力会社が決して損をしない仕組み。巨大な原発をつくれば、原価に跳ね返るので、電気料金は当然高くなる。『わが子からはじまる原子力と原発きほんのき』（クレヨンハウス）を参照。

（＊24）２００８年6月、玄海原発2・3号機の運転再開問題をめぐる県民説明のための番組放映を前に、再稼働への賛成意見をメールで番組に送るように、という呼び掛けがあったことが、九電関連会社の社員からの内部告発で発覚した。

（＊25）政治哲学者・政治思想家。第二次世界大戦時のナチスによるホロコーストを指揮したアドルフ・アイヒマンの裁判を記録した著書『イェルサレムのアイヒマン―悪の陳腐さについての報告』（大久保和郎／訳　みすず書房）のなかでアイヒマンを、「怪物」ではなく「普通」の実直な小役人に過ぎなかったと描いた。

田原 牧

たはら・まき／1987年、中日新聞社入社。社会部を経て、その後カイロ支局に勤務。現在、東京本社（東京新聞）特別報道部デスク。『中東民衆革命の真実』（集英社新書）、『ほっとけよ。』（ユビキタ・スタジオ）などの著書がある。同志社大学・一神教学際研究センター共同研究員。『季刊アラブ』編集委員。

わが子からはじまる
クレヨンハウス・ブックレット　007
新聞記者が本音で答える
「原発事故とメディアへの疑問」
2012年3月5日　第一刷発行

著　者　田原 牧
発行人　落合恵子
発　行　株式会社クレヨンハウス
〒107-8630
東京都港区北青山3・8・15
TEL　03・3406・6372
FAX　03・5485・7502
e-mail　shuppan@crayonhouse.co.jp
URL　http://www.crayonhouse.co.jp
表紙イラスト　平澤一平
装　丁　岩城将志（イワキデザイン室）
印刷・製本　大日本印刷株式会社

ISBN 978-4-86101-216-7
C0336 NDC070
Printed in Japan